José Martin Glavas

Análise de Agentes Físicos e Químicos em Saúde Ocupacional

José Martin Glavas

Análise de Agentes Físicos e Químicos em Saúde Ocupacional

Qualidade do ar, ruído ambiente e carga térmica

ScienciaScripts

Imprint
Any brand names and product names mentioned in this book are subject to trademark, brand or patent protection and are trademarks or registered trademarks of their respective holders. The use of brand names, product names, common names, trade names, product descriptions etc. even without a particular marking in this work is in no way to be construed to mean that such names may be regarded as unrestricted in respect of trademark and brand protection legislation and could thus be used by anyone.

Cover image: www.ingimage.com

This book is a translation from the original published under ISBN 978-613-9-44010-8.

Publisher:
Sciencia Scripts
is a trademark of
Dodo Books Indian Ocean Ltd. and OmniScriptum S.R.L publishing group

120 High Road, East Finchley, London, N2 9ED, United Kingdom
Str. Armeneasca 28/1, office 1, Chisinau MD-2012, Republic of Moldova, Europe
Printed at: see last page
ISBN: 978-620-3-35819-3

Conteúdo

CAPÍTULO I

A- AVALIAÇÃO FINAL DOS TRABALHOS SOBRE A QUALIDADE DO AR AMBIENTE (MEDIÇÕES: PARTÍCULAS EM SUSPENSÃO, MULTIGASES E QUALIDADE AMBIENTAL).

Ing. Qco. José Martrn Glavas

Campus Facultad de Ciencias Agrarias de la Universidad Nacional del Nordeste (UNNE) - Cidade de Corrientes - junho 2022

josemartinglavas18@gmail.com

RESUMO

Um relatório técnico de avaliação da qualidade do ar no Campus da Faculdade de Ciências Agrárias da Universidade Nacional do Nordeste (UNNE) para determinar as quantidades e concentrações de partículas e multigases poluentes, bem como a qualidade ambiental pode ajudar a determinar se existe um problema ambiental (poluição). A localização da fonte destes diferentes poluentes pode ajudar a determinar métodos eficazes para os reduzir e melhorar a qualidade do ar. Estas medições são pormenorizadas a seguir:

a) Partículas em suspensão (PM) por meio de um contador de partículas, Tenma, modelo ST - 9880, que é utilizado para medir o número e o tamanho das partículas no ar. Os dados obtidos são utilizados para medir a contaminação devida à poeira fina presente no campus. Para calcular os dados, o aparelho aspira o ar durante um período de tempo selecionado e calcula o número e o tamanho das partículas contidas no ar. Ao fazê-lo, considera igualmente os tamanhos de partícula 0,3, 0,5, 1,0, 2,5, 5,0 e 10,0 urn. A contaminação do ambiente para uma partícula do tamanho selecionado pelo utilizador é indicada por uma escala de cores (ver Norma ISO n.º 14644 - 1: 2015 página 6); todas as medições estão dentro da gama de cores verde (permitida) desta norma. Para além do número de partículas contadas, são indicadas a temperatura, a humidade do ar, bem como o ponto de orvalho calculado e a temperatura de bolbo húmido.

b) Detetor multigás de passagem, Drager, Modelo X - am 2500 para monitorização contínua da concentração de vários gases no ar ambiente, medida em ppm (partes por milhão). Medição independente de até 6 gases correspondentes aos sensores Drager instalados. São eles: Oxigénio (O_2), Monóxido de Carbono (CO), Sulfureto de Hidrogénio (SH_2), Metano (CH_4), Dióxidos de Azoto (SO_2) e Dióxidos de Enxofre (SO_2). Os valores encontrados estão dentro dos valores aceites do Anexo III do Decreto Regulamentar n.º 351/1979 da Lei n.º 19587/1972.

c) Qualidade ambiental através do Mini Medidor de Qualidade Ambiental, Sper Scientific, modelo n.º 850027; cujos factores são medidos através de: velocidade do ar (metros/segundos), caudal de ar (CMM), vento fresco (°C), humidade relativa (%), temperatura do ponto de inflamação (°C), temperatura do bolbo húmido (°C), índice de calor (°C), pressão barométrica (hPa) e altitude (metros). O índice de calor está em conformidade com a tabela de índices de calor do Departamento Meteorológico Nacional dos EUA (ver quadro n.º 2, página 15).

Palavras-chave: Avaliação, Qualidade, Ar, Ambiental, Industrial.

1. INTRODUÇÃO.

A poluição do ar é um dos problemas ambientais mais importantes e resulta, em grande parte, das actividades humanas. As causas da poluição atmosférica são diversas, mas a taxa mais elevada é causada por actividades industriais, domésticas, agrícolas, pecuárias e veiculares, entre outras.

A combustão, utilizada para aquecimento, produção de eletricidade ou movimento, é o processo mais significativo de emissão de poluentes. Outras actividades, como a fundição e a produção de substâncias químicas, podem causar a deterioração da qualidade do ar se não forem controladas.

O ar puro é uma mistura gasosa composta por 78 % de N2 (azoto), 21 % de O2 (oxigénio) e 1 % de diferentes compostos totais, como o árgon (argónio), o CO2 (dióxido de carbono) e o O3 (ozono). Por poluição atmosférica entende-se qualquer alteração do equilíbrio destes componentes que altere as propriedades físicas e químicas do ar.

Os valores MPC (Concentração Máxima Admissível Ponderada no Tempo) ou TLV (Valor Limite de Limiar) referem-se a concentrações de substâncias que se encontram em suspensão no ar (ver Anexo III do Decreto Regulamentar n.º 351/1979 da Lei n.º 19587/1972).

No entanto, dada a grande variabilidade da suscetibilidade individual, é possível que uma pequena percentagem de trabalhadores possa sentir desconforto com algumas substâncias ou concentrações iguais ou inferiores ao Limite de Limiar, enquanto uma percentagem menor pode ser mais gravemente afetada pelo agravamento de uma condição pré-existente ou pelo aparecimento de uma doença profissional.

Os valores das PMC baseiam-se nas informações disponíveis obtidas através da experiência na indústria, da experimentação humana e animal e, sempre que possível, de uma combinação dos três. A base sobre a qual os valores de CMP são estabelecidos pode diferir de substância para substância; para algumas substâncias, a proteção contra danos para a saúde pode ser um fator, enquanto para outras a ausência razoável de irritação, narcose, incómodo ou outras formas de desconforto pode ser a base para a definição do valor de CMP. Os danos para a saúde considerados referem-se aos que diminuem a esperança de vida, comprometem a função biológica, prejudicam a capacidade de defesa contra outras substâncias tóxicas ou processos patológicos, ou afectam negativamente a função reprodutiva ou os processos de desenvolvimento.

Definições:

a. MPC (Concentração máxima admissível ponderada no tempo): Concentração média ponderada no tempo para um dia de trabalho de 8 horas/dia e uma semana de trabalho de 40 horas, à qual se considera que quase todos os trabalhadores podem ser expostos repetidamente, dia após dia, sem efeitos adversos.

b. CMP - CPT (Concentração Máxima Admissível para Curtos Períodos de Tempo): Concentração à qual se considera que os trabalhadores podem ser expostos continuamente durante um curto período de tempo sem sofrerem: 1) irritação, 2) danos crónicos ou irreversíveis nos tecidos, ou 3) narcose num grau suficiente para aumentar a probabilidade de lesões acidentais, dificultar a saída de uma situação perigosa ou reduzir a eficiência do trabalho, e desde que a CMP diária não seja excedida. Não se trata de um limite de emissão de exposição autónomo, mas sim de um complemento do limite de emissão médio ponderado no tempo, quando são aceites efeitos agudos de uma substância cujos efeitos tóxicos são principalmente de natureza crónica. As concentrações máximas a curto prazo são recomendadas apenas quando tiverem sido registados efeitos tóxicos em seres humanos ou animais em resultado de exposições intensas a curto prazo.

O CMP - CPT é definido como a exposição média ponderada no tempo de 15 minutos, que não deve ser excedida em nenhum momento durante o dia de trabalho, mesmo que a média ponderada no tempo de 8 horas seja inferior a este valor de emissão. As exposições acima do valor CMP - CPT até ao valor Emit da exposição de curta duração não devem exceder 15 minutos de duração e não devem ser repetidas mais de quatro vezes por dia. Deve haver um intervalo mínimo de 60 minutos entre exposições sucessivas nesta gama. Pode ser recomendado um período de exposição médio diferente de 15 minutos, quando justificado pelos efeitos biológicos observados.

c. MPC-C (Concentração Máxima Admissível - Valor Limite (C): é a concentração que não deve ser excedida em nenhum momento durante uma exposição profissional. Na prática convencional de higiene industrial, se não for possível efetuar uma medição instantânea, a CMPC pode ser fixada para exposições curtas através da amostragem durante um período não superior a 15 minutos, exceto no caso das substâncias que possam causar irritação imediata.

O material particulado (PM) é uma mistura de partículas perturbadoras do ar em suspensão, com diferentes caraterísticas físicas e químicas e provenientes de uma grande variedade de fontes e fontes de emissão. As partículas podem atuar como um meio no qual ocorrem certas reacções químicas, núcleos de condensação ou elementos capazes de dispersar, absorver e emitir radiação.

A matéria particulada é classificada de acordo com o seu diâmetro:

> Partículas PM 10 (diâmetro inferior a 10 pm): Trata-se principalmente de partículas primárias emitidas diretamente para a atmosfera por fenómenos naturais e actividades humanas; devido à sua dimensão, tendem a depositar-se perto do seu local de origem e têm uma maior capacidade de acesso às vias respiratórias e, por conseguinte, um maior efeito nas vias respiratórias.

> Partículas PM 2,5 (diâmetro inferior a 2,5 pm): São constituídas principalmente por partículas secundárias resultantes de processos ou reacções químicas na fase líquida de substâncias como o NO2 (Dióxido de Azoto), SO2 (Dióxido de Enxofre), COV (Vapores Orgânicos Voláteis), NH3 (Amoníaco), etc.Devido ao seu pequeno tamanho, permanecem em suspensão durante muito tempo, percorrem longas distâncias e depositam-se na parte mais profunda do sistema respiratório, ficando retidos e podendo gerar efeitos mais graves para a saúde.

I unidades de alarme para a concentração de partículas:

A Norma ISO n.º 14644 - 1: 2015 (ver Tabela 1) refere-se à classificação da limpeza do ar, de acordo com esta norma, exclusivamente em termos da concentração de partículas em suspensão. Além disso, para a classificação de acordo com esta norma, são consideradas partículas com dimensões definidas no intervalo de 0,1 a 5 pm (ppm = partes por milhão).

As contagens de partículas restantes, agrupadas por cor, verde (permitido), amarelo (cuidado) e vermelho (perigo), são apresentadas para cada canal:

Quadro n.º 1

Canal	Verde (autorizado)	Amarelo (Cuidado)	Vermelho (Perigo)
0,3 pm	0 ~ 100000	100001~250000	250001~500000
0,5 pm	0 ~35200	35201~87500	87501~175000
1.0 pm	0 ~ 8320	8321~20800	20801 ~41600
2.5 pm	0 ~ 545	546 ~1362	1363 ~2724
5.0 pm	0 ~ 193	194 ~483	484 ~966
10.0 pm	*0 ~ 68*	*69 ~ 170*	*170 ~ 3410*

Propriedades dos gases e vapores perigosos:

Os gases, vapores e vapores inflamáveis e tóxicos podem ocorrer em muitos sítios. Para fazer face ao risco tóxico e ao perigo de explosão, são utilizados sistemas de deteção de gás.

Praticamente todos os gases e vapores são sempre perigosos. Se os gases não existirem na sua composição atmosférica familiar e respirável, a segurança da respiração pode já estar afetada. Qualquer gás é potencialmente perigoso, quer esteja liquefeito, comprimido ou no seu estado normal, o importante é conhecer a sua concentração.

Basicamente, existem três categorias de risco:

- Ex - Perigo de explosão devido a gases inflamáveis.
- Ox - O2 (Oxigénio).

Risco de asfixia devido à deslocação do oxigénio.

Risco de aumento da inflamabilidade devido ao enriquecimento em oxigénio.

- Tox - Risco de envenenamento por gases tóxicos.

As medições dos poluentes no local de trabalho são a única medida eficaz para determinar se o pessoal está exposto a substâncias químicas e/ou partículas, que podem causar a deterioração da saúde dos trabalhadores expostos, conduzindo a doenças profissionais ao longo do tempo.

Recomenda-se que estes controlos sejam efectuados regularmente, uma vez que as condições de trabalho podem mudar ao longo do tempo devido a vários factores, tais como: alterações nas quantidades de produção, alterações nos tipos de substâncias utilizadas para fabricar um produto, alterações nos sistemas de ventilação de uma fábrica, modificações nos edifícios, entre outros.

2. DESENVOLVIMENTO.

2.1- MEDIÇÃO DAS PARTÍCULAS EM SUSPENSÃO NO AR AMBIENTE

Dados do estabelecimento	
Razão Social: Faculdade de Ciências Agrárias da Universidade Nacional do Nordeste (UNNE).	
Endereço: Juan Bautista Cabral N° 2131	
Localização: Corrientes	
Província: Corrientes	
CÓDIGO POSTAL: 3400	N.º DE IDENTIFICAÇÃO FISCAL: 30 - 99900421 - 7

Dados de medição

Marca, modelo e número de série do instrumento utilizado:

Contador Partfold da Tenma, modelo ST - 9880 e número de série 170107610

Data do certificado de calibração do instrumento utilizado na medição: 16/05/2022

Data da medição: 01/06/2022 Hora de início: 16: 00Hora de fim: 18:00

Condições atmosféricas:

Humidade relativa do ar = 47,4 % Humidade relativa do ar = 47,4 % Humidade relativa do ar = 47,4

Temperatura = 17,4 °C

Pressão = 1008,6 hPa

Horário de trabalho/ turnos habituais:

Quartas-feiras das 16:00 às 20:00

Descrever as condições de trabalho normais e/ou habituais:

Disciplina Higiene e Segurança Industrial no Quinto Ano do Curso de Engenharia Industrial.

Descrever as condições de trabalho no momento da medição:

Foram efectuadas medições ambientais nos diferentes sectores do campus: acesso ao campus e lado direito do campus. Estas medições são utilizadas para medir o número e o tamanho das partículas presentes no ar. Os dados obtidos são utilizados para medir a contaminação devida às poeiras finas presentes no ar. Para calcular os dados, recolhe-se o ar durante um período de tempo selecionado e calcula-se o número e o tamanho das partículas contidas no ar. Ao fazê-lo, considera igualmente os tamanhos de partículas 0,3, 0,5, 1,0, 2,5, 5,0 e 10,0 urn. A contaminação ambiental para uma partícula do tamanho selecionado pelo utilizador é indicada por uma escala de cores (ver Norma ISO n.º 14644 - 1: 2015 página 4); todas as medições estão dentro da gama de cores verde (permitida) desta norma. Para além do número de partículas contadas, são indicados a temperatura, a humidade do ar e o ponto de orvalho calculados com base nas mesmas, bem como a temperatura de bolbo húmido (ver Figura n.º 1, página n.º 9).

Documentação a anexar à Medida

Desenho ou esboço: Anexo I (ver figuras n.ºs 2 e 3, página n.º 8)

Figuras: Anexo I (ver figuras n.ºs 4 e 5, página n.º 9)

2.1.1- Acesso ao campus (esta medida foi tida em conta para a redação do trabalho final).

Condições ambientais:

- Temperatura do ar = 18,6 °C (AT)
- Humidade relativa = 47,1 % (RH)
- Temperatura do ponto de orvalho = 7,3 °C (DP)
- Temperatura de bolbo húmido = 13,2 °C (WB)
- Pressão barométrica = 1008,6 hPa
- Caudal = 2,83 litros/minuto

Medição de partículas em suspensão:

- Canais (tamanho) = 0,3 - 0,5 - 1,0 - 2,5 - 5,0 - 10,0 um (ppm)
- p;irtfciil;is modo de contagem = Diferencial

Resultados:

Figura n.º 1

- 0,3 um = 1315
- 0,5 um = 669
- 1,0 um = 125
- 2,5 |im = 12
- 5,0 um = 3
- 10.0 |im = 5

Em conformidade com a norma ISO n.º 14644 - 1: 2015 Verde (Permitido).

<u>Plano ou esboço: Anexos I, II e III</u>:

Figura n.º 2

Figura n.º 3

<u>Números: Anexo I</u>:

> Figuras 4 e 5.

Figura n.º 4 Figura n.º 5

2.2- MEDIÇÃO MULTIGÁS AMBIENTE

Dados de medição

Marca, modelo e número de série do instrumento utilizado:

Detetor de gás, marca Drager, modelo X - am 2500 e número de série 8323918

Data do certificado de calibração do instrumento utilizado na medição: 09/05/2022

Data da medição: 01/06/2022 Hora de início: 16: 00Hora de fim: 18:00

Condições atmosféricas:

Humidade relativa do ar = 47,4 % Humidade relativa do ar = 47,4 % Humidade relativa do ar = 47,4

Temperatura = 17,4 °C

Pressão = 1008,6 hPa

Horário de trabalho/ turnos habituais:

Quartas-feiras das 16:00 às 20:00

Descrever as condições de trabalho normais e/ou habituais:

Disciplina Higiene e Segurança Industrial no Quinto Ano do Curso de Engenharia Industrial.

Descrever as condições de trabalho no momento da medição:

As medições ambientais foram efectuadas nos diferentes sectores do campus, nomeadamente: acesso ao campus e lado direito do campus. É utilizado para a monitorização contínua da concentração de vários gases no ar ambiente, sendo esta concentração medida em ppm (partes por milhão). Medição independente de até 6 gases correspondentes aos sensores Drager instalados. São eles: Oxigénio (O_2), Monóxido de Carbono (CO), Sulfureto de Hidrogénio (SH_2), Metano (CH_4), Dióxidos de Azoto (SO_2) e Dióxidos de Enxofre (SO_2) (ver Anexo III do Decreto Regulamentar n.º 351/79 da Lei n.º 19587/72).

Documentação a anexar à Medida

Desenho ou esboço: Anexo II (ver figuras n.ºs 2 e 3, página n.º 10)

Figuras: Anexo II (ver figuras n.ºs 6 e 7, página n.º 14)

2.2.1- O acesso ao campus (esta medida foi tida em conta para a redação do trabalho final) e o lado direito do campus.

Resultados:

MEDIÇÃO MULTIGÁS								
[1] em ppm (partes por milhão) [2] LIE (Lfmite ‡Explosividade Inferior) [ ] Percentagem Volume O2 N/D (Valores Não Detectados)		CONCENTRAÇÕES ACEITÁVEIS		REGISTO DE MEDIÇÕES 1	2	3	4	5
PARÂMETROS	Valor encontrado	CMP	CMP - CPT	Hs: 17:00	Hs: -	Hs: -	Hs: -	Hs: -
§Metano (CH_4) [ ]	N/A	-	-	N/A	N/A	N/A	N/A	N/A
Oxigénio (O_2) [***]	20,9	-	-	20,9	N/A	N/A	N/A	N/A
**Monóxido de carbono (CO) [ ]	N/A	25	-	N/A	N/A	N/A	N/A	N/A
Enxofre de Hidrogénio (S_2H) [*]	N/A	10	15	N/A	N/A	N/A	N/A	N/A
Dióxido Nitrogénio (NO_2) [*].	N/A	3	5	N/A	N/A	N/A	N/A	N/A
Dióxido Enxofre (SO_2) [*]	N/A	2	5	N/A	N/A	N/A	N/A	N/A

Concentração normal de oxigénio (O_2) no ar.

"Nível normal de oxigénio no ar: 20,9 % Volume "

⟹ Respiração deficiente.

Combustão, oxidação, inertização:

- Nível de alarme: 19,5 % Vol.
- Nível crítico: 16,0 % Vol.

⟹ "Fogo de Enriquecimento".

Equipamento de corte oxicombustível:

- Nível de alarme: 23,5 % Volume

- O CMP e o CMP - CPT são aplicáveis a gases tóxicos, tais como: amoníaco, monóxido de carbono, cloro, cianeto de hidrogénio, sulfureto de hidrogénio, óxido nítrico, dióxido de enxofre, etc.

Valores aceites do Anexo III do Decreto Regulamentar n.º 351/79 da Lei n.º 19587/72.

Números: Anexo II:

> Figuras 6 e 7.

Figura n.º 6

Figura n.º 7

2.3- MEDIÇÃO DA QUALIDADE AMBIENTAL NO AMBIENTE

Dados de medição

Marca, modelo e número de série do instrumento utilizado:

Mini medidor de qualidade ambiental, marca Sper Scientific e modelo n.º 850027

Data do certificado de calibração do instrumento utilizado na medição: 25/03/2022

Data da medição: 01/06/2022 Hora de início: 16:00 Hora de fim: 18:00

Condições atmosféricas:

Humidade relativa do ar = 47,4 % Humidade relativa do ar = 47,4 % Humidade relativa do ar = 47,4

Temperatura = 17,4 °C

Pressão = 1008,6 hPa

Horário de trabalho/ turnos habituais:

Quartas-feiras das 16:00 às 20:00

Descrever as condições de trabalho normais e/ou habituais:

Disciplina Higiene e Segurança Industrial no Quinto Ano do Curso de Engenharia Industrial.

Descrever as condições de trabalho no momento da medição:

As medições ambientais foram efectuadas nos diferentes sectores do campus: acesso ao campus e lado direito do campus. Os factores medidos são: velocidade do ar (metros/segundo), caudal de ar (CMM), vento fresco (°C), humidade relativa (%), temperatura do ponto de rotação (°C), temperatura do bolbo húmido (°C), índice de calor (°C), pressão barométrica (hPa) e altitude (metros) (ver quadro n.º 2).

Documentação a anexar à Medida

Desenho ou esboço: Anexo III (ver figuras n.ºs 2 e 3, página n.º 10)

Figuras: Anexo III (ver figuras n.ºs 8 e 9, página n.º 17)

Quadro n.º 2: Índice de calor do
Serviço Meteorológico Nacional dos EUA
(NWS)

Efeitos da liidice do calor (valores de sombra)		
°C	°F	Notas
27 ~ 32	80 ~ 90	Atenção: É possível a fadiga com exposição e atividade prolongadas. A atividade contínua pode resultar em cãibras provocadas pelo calor.
32 ~ 41	90 ~ 105	Precaução extrema: São possíveis cãibras de calor, esgotamento por calor e exaustão por calor. A continuação da atividade pode provocar uma insolação.
41 ~ 54	105 ~130	Perigo: É provável a ocorrência de cãibras de calor e de exaustão pelo calor; é provável a ocorrência de insolação com a continuação da atividade.
+ 54	+ 30	Perigo extremo: A insolação é iminente.

A exposição ao sol pleno pode aumentar os valores do índice de calor até 8 °C (14 °F).

2.3.1- Acesso ao campus (esta medida foi tida em conta para a redação do trabalho final).

Resultados:

- Velocidade do ar = 0,6 metros/segundo (An)
- Fluxo de ar = 0,024 CMM (AirFL)
- Arrepio de vento = 17,2 °C (CHill)
- Humidade relativa = 50,1 % (RH)
- Temperatura do ponto de rotação = 8,3 °C (dP)
- Temperatura de bolbo húmido = 12,1 °C (WET)
- Índice de calor = 18,1 °C (HEAT) NORMAL
- Pressão barométrica = 1008,6 hPa (bAr)
- Altitude = 38 metros (HigH)

Números: Anexo III:

> Figuras n.ºs 8 e 9.

Figura n.º 8 Figura n.º 9

3. CONCLUSÕES.

Foram efectuadas medições ambientais no campus para determinar as quantidades e concentrações de partículas e gases poluentes, bem como a qualidade ambiental, o que pode ajudar a determinar se existe um problema ambiental (contaminação). A localização da fonte destes diferentes poluentes pode ajudar a determinar métodos eficazes para os reduzir e melhorar a qualidade do ar. Todas as medições efectuadas respeitam as normas nacionais e internacionais em vigor.

4. REFERÊNCIAS.

ISO n.º 14644 - 1 (2015), Norma.

NWS (National Weather Service), Estados Unidos.

Saúde e Segurança no Trabalho (1972), Lei n.º 19587, Decreto n.º 19587, Decreto n.º 19587, Decreto n.º 19587, Decreto n.º 19587.

Regulamentação (1979), n.º 351, Anexo III, Argentina.

SRT (Superintendencia de Riesgos del Trabajo), página Web, www.srt.gob.ar, Argentina.

Agradecimentos

o Ao meu pai Miguel e à minha mãe Lida que me deram a vida e me ensinaram a cultura do estudo e do trabalho.

CAPÍTULO II

B-AVALIAÇÃO FINAL DO TRABALHO DE RUÍDO AUDÍVEL DE ACORDO COM A NORMA IRAM Nº 4062/2016 (RUÍDO INCÓMODO PARA A VIZINHANÇA).

Ing. Qco. José Martm Glavas

Campus Facultad de Ciencias Agrarias de la Universidad Nacional del Nordeste (UNNE) - Cidade de Corrientes - junho 2023

josemartinglavas18@gmail.com

RESUMO

Relatório técnico de avaliação de ruído audível no Campus da Faculdade de Ciências Agrárias da Universidade Nacional do Nordeste (UNNE) realizado pela disciplina Higiene e Segurança Industrial do Quinto Ano do Curso de Engenharia Industrial. Nas medições, foram respeitadas as especificações técnicas da norma IRAM N° 4062/2016 para a avaliação do incómodo sonoro para a vizinhança e os procedimentos de medição sonora. Estas medições foram realizadas no acesso ao campus e no corredor de acesso à sala de aula A5, para a monitorização do ruído foi utilizado um analisador de som (decibelímetro), marca Sper Scientific e modelo nº 850069.

Antes do início dos ensaios, foi verificado o correto funcionamento do equipamento utilizado através da aplicação de um calibrador acústico. Em cada posição, foi efectuada uma série de medições com um número mínimo de leituras, de modo a garantir a representatividade dos resultados. Estas leituras corresponderam ao nível sonoro contínuo equivalente (L_{Aeq}), avaliado durante um período de 5 minutos, em decibéis compensados A (dBA) e com o instrumento posicionado em resposta S (slow).

O decibelímetro utilizado é colocado a uma altura entre 1,2 e 1,5 m acima do nível do solo e montado num tripé para estas medições. Os alunos desta disciplina centraram-se no tratamento da informação recolhida no terreno e na determinação do grau de adequação dos níveis sonoros gerados em relação aos requisitos regulamentares aplicáveis em vigor.

Palavras-chave: Avaliação, Ruído, Audível, Ambiental, Industrial.

1. INTRODUÇÃO.

O ruído é um dos poluentes profissionais e ambientais mais comuns. Um grande número de pessoas está exposto diariamente a níveis de ruído potencialmente perigosos para a sua audição, para além de sofrer outros efeitos prejudiciais para a sua saúde.

Em muitos casos, é tecnicamente viável controlar o ruído excessivo através da aplicação de técnicas de engenharia acústica às fontes de ruído.

Entre os efeitos sofridos pelas pessoas expostas ao ruído:

X Perda de audição.

X Zumbido (zumbido ou ruído).

X Interferências nas comunicações.

X Desconforto, stress, nervosismo.

X Perturbações do sistema digestivo.

X Efeitos cardiovasculares.

X Diminuição do desempenho profissional.

X Aumento dos acidentes.

X Alterações do comportamento social.

Som:

O som é um fenómeno de perturbação mecânica, que se propaga num meio material elástico (ar, água, metal, madeira, etc.) e que tem a propriedade de estimular uma sensação auditiva.

Ruído:

De um ponto de vista físico, o som e o ruído são a mesma coisa, mas quando o som se torna desagradável, quando é indesejado, chama-se ruído. Por outras palavras, a definição de ruído é subjectiva.

Efeitos do ruído na saúde:

Para compreender os efeitos do ruído, é útil definir o termo saúde, de acordo com a Organização Mundial de Saúde. "A saúde é um estado de completo bem-estar físico, mental e social e não apenas a ausência de doença ou enfermidade". A citação é do Preâmbulo da Constituição da Organização Mundial de Saúde, que foi adoptada pela Conferência Internacional de Saúde, realizada em Nova Iorque de 19 de junho a 22 de julho de 1946, assinada em 22 de julho de 1946 pelos representantes de 61 Estados (Registos Oficiais da Organização Mundial de Saúde, n.º 2, p. 100), e entrou em vigor em 7 de abril de 1948.

É igualmente necessário compreender que o ruído está também associado ao ambiente e à atividade desenvolvida; pode parecer óbvio, mas o nível de ruído tolerado num salão de baile tem pouco ou nada a ver com o nível de ruído tolerado num hospital ou numa escola. Esta circunstância faz com que, quando se fala de ruído e dos seus efeitos, seja geralmente necessário clarificar o ambiente em que a atividade se desenvolve e a duração da mesma.

Para efeitos do presente texto, é necessário definir o Ruído Ambiente nos termos da OMS como: *"...o ruído emitido por todas as fontes, com exceção das zonas industriais. As principais fontes de ruído urbano são o tráfego automóvel, ferroviário e aéreo, a construção e obras públicas e a vizinhança. As principais fontes de ruído interior são os sistemas de ventilação, as máquinas de escritório, os electrodomésticos e os vizinhos. O ruído caraterístico da vizinhança provém de locais, como restaurantes, cafés, discotecas, etc.; música ao vivo ou gravada; competições desportivas (desportos motorizados), parques infantis, parques de estacionamento e animais de estimação, como cães a ladrar. Muitos países regulamentaram o ruído urbano proveniente do tráfego aéreo e automóvel, das máquinas de construção e das instalações industriais através de normas de emissão e de regulamentos relativos às propriedades acústicas dos edifícios. No entanto, poucos países dispõem de regulamentação para o ruído urbano de proximidade, provavelmente devido à falta de métodos para o definir e medir e à dificuldade de o controlar. Nas grandes cidades de todo o mundo, as pessoas estão cada vez mais expostas ao ruído urbano proveniente das fontes acima mencionadas e os seus efeitos na saúde são vistos como um problema crescente".*

No que respeita aos efeitos na saúde, a Organização Mundial de Saúde refere que

Interferência na perceção da fala. Uma grande parte da população é suscetível de sofrer interferências na comunicação vocal e pertence a um subgrupo vulnerável. Os mais sensíveis são os idosos e os deficientes auditivos. Mesmo as deficiências auditivas ligeiras na banda de alta frequência podem causar problemas na perceção da fala num ambiente ruidoso. A partir dos 40 anos, a capacidade das pessoas para interpretar mensagens faladas difíceis com pouca redundância linguística deteriora-se em comparação com as pessoas na casa dos 20 ou 30 anos.

Foi igualmente demonstrado que níveis de ruído mais elevados e uma maior reverberação têm um efeito maior nas crianças (que ainda não completaram a aquisição da linguagem) do que nos jovens adultos.

Ao ouvir mensagens complicadas (na escola, numa língua estrangeira ou numa conversa telefónica), a relação sinal/ruído deve ser de pelo menos 15 dB a um nível de voz de 50 dBA. Este nível de ruído corresponde, em média, a um nível de voz casual para homens e mulheres situados a um metro de distância. Por conseguinte, para uma perceção clara do discurso, o nível de ruído de fundo não deve exceder 35 dBA. Nas salas de aula ou de conferência, onde a perceção da fala é de grande importância, ou para grupos sensíveis, os níveis de ruído de fundo devem ser tão baixos quanto possível. Um tempo de reverberação inferior a 1 segundo é também necessário para uma boa comunicação vocal em salas mais pequenas. Para grupos sensíveis, como os idosos, recomenda-se um tempo de reverberação inferior a 0,6 segundos para uma comunicação vocal adequada, mesmo num ambiente silencioso.

Deficiência auditiva. O ruído que prejudica a audição não se limita a situações profissionais. Os concertos ao ar livre, as discotecas, os desportos motorizados e de tiro, os altifalantes ou as actividades recreativas também apresentam níveis de ruído elevados. Outras fontes importantes são os aparelhos auditivos, bem como os brinquedos e o fogo de artifício que emitem ruídos de impulso.

Perturbações do sono. Os efeitos mensuráveis do ruído no sono começam com LAeq de 30 dBA e superiores. No entanto, quanto mais intenso for o ruído de fundo, maior será o efeito sobre o sono. Os grupos sensíveis incluem principalmente os idosos, os trabalhadores por turnos, as pessoas com perturbações físicas ou mentais e outros indivíduos com dificuldades de sono.

As perturbações do sono devidas a fenómenos de ruído intermitente aumentam com o nível máximo de ruído. Mesmo que o nível sonoro equivalente total seja bastante baixo, algumas ocorrências de ruído com um nível máximo de pressão sonora elevado afectarão o sono. Por conseguinte, a fim de evitar perturbações do sono, as normas relativas ao ruído urbano devem ser expressas em termos de nível sonoro equivalente, níveis sonoros máximos e número de fenómenos sonoros. É de salientar que o ruído de baixa frequência, por exemplo, proveniente de sistemas de ventilação, pode perturbar o repouso e o sono mesmo com níveis de pressão sonora baixos.

Quando o ruído é contínuo, o nível de pressão sonora equivalente não deve exceder 30 dBA em espaços interiores, se se pretender evitar efeitos negativos no sono. Mesmo no caso de ruído com uma grande proporção de sons de baixa frequência, recomenda-se um valor gma mais baixo. Quando o ruído de fundo é baixo, o ruído acima de 45 dB LAmax deve ser limitado e, para as pessoas sensíveis, é preferível um valor de emissão muito mais baixo. Considera-se que a atenuação do ruído no início da noite é um meio eficaz de ajudar as pessoas a adormecer. É de notar que o efeito do ruído depende em parte da natureza da fonte. Um caso especial é o dos recém-nascidos em incubadoras, para os quais o ruído pode causar perturbações do sono e outros efeitos na saúde.

Aquisição da leitura. A exposição crónica ao ruído durante a primeira infância pode dificultar a aquisição da leitura e reduzir a motivação. As evidências indicam que quanto maior for a exposição, maiores serão os danos. Recentemente, tem havido preocupação com as alterações físicas e fisiológicas concomitantes (pressão arterial e níveis de hormonas do stress). A informação sobre estes efeitos é ainda insuficiente para estabelecer valores de referência específicos.

No entanto, é evidente que os jardins-de-infância e as escolas não devem estar próximos de fontes de ruído significativas, como estradas, aeroportos e fábricas.

Incómodo. A capacidade de um ruído causar incómodo depende das suas caraterísticas físicas, incluindo o nível de pressão sonora, o espetro e as variações destas propriedades ao longo do tempo. Durante o dia, poucas pessoas são altamente perturbadas por níveis de LAeq inferiores a 55 dBA, e poucas são moderadamente perturbadas por níveis de LAeq inferiores a 50 dBA.

Os níveis sonoros durante a tarde e a noite devem ser 5 a 10 dB mais baixos do que durante o dia. O ruído com componentes de baixa frequência exige valores-guia mais baixos. Para o ruído intermitente, devem ser considerados o nível máximo de pressão sonora e o número de eventos sonoros. As orientações ou medidas para reduzir o ruído devem também ter em conta as actividades residenciais no exterior.

Comportamento social. Os efeitos do ruído ambiente podem ser determinados através da avaliação da sua interferência no comportamento social e noutras actividades. O ruído urbano que interfere com o repouso e a recreação parece ser o mais importante.

Há provas consistentes de que o ruído superior a 80 dBA reduz as atitudes de cooperação e que o ruído elevado também aumenta o comportamento agressivo em indivíduos predispostos à agressão.

Existe também a preocupação de que os elevados níveis de ruído crónicos contribuam para sentimentos de impotência entre as crianças em idade escolar. É necessária mais investigação para desenvolver orientações sobre esta questão e sobre os efeitos cardiovasculares e mentais.

Quanto à consideração de acordo com o local onde o ruído se manifesta, pode ser identificada da seguinte forma:

Habitação. Os efeitos do ruído nas habitações são a perturbação do sono, o incómodo e a interferência na conversação. Nos quartos de dormir, o efeito crítico é a perturbação do sono. Os valores de referência para os quartos de dormir são 30 dB $_{LAeq}$ para ruído contínuo e 45 dB $_{LAmax}$ para eventos sonoros isolados. Níveis de ruído inferiores podem ser incómodos, dependendo da natureza da fonte. À noite, os níveis sonoros exteriores a um metro das fachadas das casas não devem exceder 45 dB $_{LAeq}$ para que as pessoas possam dormir com as janelas abertas.

Este valor foi obtido partindo do princípio de que a redução do ruído exterior que passa para o interior através de uma janela aberta é de 15 dB. Para poder conversar sem interferências num espaço interior durante o dia, o nível de ruído não deve exceder 35 dB $_{LAeq}$. O nível máximo de pressão sonora deve ser medido com o medidor de pressão sonora regulado para "rápido". A fim de proteger a maioria das pessoas dos incómodos sonoros durante o dia, o nível sonoro exterior de ruído contínuo não deve exceder 55 dB $_{LAeq}$ nas varandas, terraços e áreas exteriores. Durante o dia, o nível de ruído moderadamente incómodo não deve exceder 50 dB $_{LAeq}$. Sempre que seja prático e viável, o nível sonoro exterior mais baixo deve ser considerado como o nível sonoro máximo aconselhável para um novo evento.

Escolas e estabelecimentos de ensino pré-escolar. Nas escolas, os efeitos críticos do ruído são a interferência na comunicação oral, a perturbação da análise da informação (por exemplo, compreensão e aquisição da leitura), a comunicação de mensagens e o incómodo. Para que seja possível ouvir e compreender as mensagens faladas na sala de aula, o nível sonoro de fundo não deve ser superior a 35 dB $_{LAeq}$ durante as aulas. Para as crianças com deficiência auditiva, pode ser necessário um nível de som ainda mais baixo. O tempo de reverberação na sala de aula deve ser de 0,6 segundos e, de preferência, mais curto para as crianças com deficiência auditiva.

Nas salas de reunião e nos refeitórios escolares, o tempo de reverberação deve ser inferior a 1 segundo. Nos parques infantis, o nível sonoro do ruído proveniente de fontes externas não deve exceder 55 dB $_{LAeq}$, o mesmo valor dado para as zonas residenciais exteriores durante o dia. Para os estabelecimentos de ensino pré-escolar, aplicam-se os mesmos efeitos críticos e valores-guia que para as escolas. Durante as horas de sono nos quartos de dormir dos estabelecimentos de ensino pré-escolar, devem ser aplicados os valores-guia para os quartos de dormir residenciais.

Hospitais. Para a maioria dos espaços hospitalares, os efeitos críticos são a perturbação do sono, o incómodo e a interferência com a comunicação vocal, incluindo sinais de alarme. O $_{LAmax}$ dos eventos sonoros noturnos não deve exceder 40 dBA em espaços interiores. Para as enfermarias dos hospitais, o valor de referência para interiores é de 40 dB $_{LAmax}$ durante a noite. Durante o dia e ao fim da tarde, o valor de referência para os espaços interiores é de 30 dB $_{LAeq}$. O nível máximo deve ser medido com o medidor de pressão sonora regulado para "rápido".

Dado que os doentes são menos capazes de lidar com o stress, o nível $_{LAeq}$ não deve ser superior a 35 dB na maioria das salas onde os doentes são tratados e controlados. Deve ser dada atenção aos níveis sonoros nas unidades de cuidados intensivos e nos blocos operatórios. As incubadoras com som no seu interior podem causar problemas de saúde aos recém-nascidos, incluindo perturbações do sono e deficiências auditivas. É necessária mais investigação para estabelecer os níveis sonoros nas incubadoras.

Cerimónias, festivais e eventos recreativos. Em muitos países, realizam-se cerimónias, festivais e eventos regulares para celebrar determinados acontecimentos. Estes eventos produzem geralmente sons altos, incluindo música e sons de impulso. Existe uma preocupação quanto ao efeito da música alta e dos sons de impulso nos jovens que frequentam frequentemente concertos, discotecas, salas de vídeo, cinemas, parques de diversões e eventos ao ar livre. Nestes eventos, o nível sonoro ultrapassa geralmente os 100 dB $_{LAeq}$. Esta exposição pode levar a uma deficiência auditiva significativa após uma presença frequente.

Nestas instalações, a exposição profissional dos trabalhadores deve ser regulamentada e, no mínimo, as mesmas normas devem aplicar-se aos clientes. Os clientes não devem ser expostos a níveis sonoros superiores a 100 dB $_{LAeq}$ durante um período de quatro horas mais do que quatro vezes por ano. Para evitar uma deficiência auditiva aguda, o $_{LAmax}$ deve ser sempre inferior a 110 dB.

Aparelhos auditivos. Para evitar deficiências auditivas causadas pela música através de auscultadores em adultos e crianças, o nível sonoro equivalente durante 24 horas não deve exceder 70 dBA. Isto implica que, para uma exposição diária de uma hora, o nível $_{LAeq}$ não deve ser superior a 85 dBA. Para evitar uma deficiência auditiva aguda, o $_{LAmax}$ deve ser sempre inferior a 110 dBA. As exposições são expressas com o nível sonoro equivalente em campo livre.

Brinquedos, fogo de artifício e armas de fogo. Para evitar lesões mecânicas agudas no ouvido interno causadas por sons de impulso provenientes de brinquedos, fogo de artifício e armas de fogo, os adultos nunca devem ser expostos a níveis de pressão sonora superiores a 140 dBA. Para as crianças que estão a brincar, o nível máximo de pressão sonora produzido pelos brinquedos não deve exceder 120 dBA, medido próximo do ouvido (100 mm). Para evitar uma deficiência auditiva aguda, o $_{LAmax}$ deve ser sempre inferior a 110 dBA.

Parques e zonas de conservação. As zonas exteriores tranquilas devem ser preservadas e deve ser mantido um baixo rácio sinal/ruído.

2. EQUAÇÕES E TABELAS.

A avaliação do ruído é efectuada de acordo com o IRAM N° 4062/2016 (ruído incómodo para a vizinhança) a partir da medição do nível sonoro contínuo equivalente ($_{LAeq}$), tempo de resposta S (lento: lento), para os tempos de referência, afectados pelos factores de correção:

$^{u//o}{}_{LAeq}$ = *1OЛoд((1/T).^(κ.10 ◦) (Medido por decibelímetro)*

Con:

$_{Li}$ nível sonoro medido, $_{ti}$ intervalo de medição com ruído constante, T período total de medição.

Correção do carácter tonal e/ou impulsivo: K_I

Nível de avaliação corrigido: $L_E = L_{Aeq} + K_I$

Nível de ruído de fundo: L_F

Nível sonoro calculado L_C: $L_C = L_b + K_z + K_u + K_h$

Con:

Nível de base (em decibéis compensados A): L_b *= 4o dBA*

Fator de correção para o tipo de zona: K_z

Fator de correção para a localização no espaço a avaliar: K_u

Fator de correção do horário: K_h

$K_T + K_I + K_{BF}$ [dBA].	K [dBA] [dBA
0	0
5	5
7	6
10	6
12	7
15	O ruído é ENORME
17	O ruído é ENORME

Quadro n.º 2 - Valores do vitelo de correção, K_z

Zona	Tipo	Termo de correção T6, K_z [dBA].
Hospital, residencial rural	1	-5
Suburbano com pouco trânsito	2	0
Residencial urbano	3	5
Urbano residencial com alguma indústria ligeira ou estradas principais*.	4	10
Centro comercial ou industrial intermédio entre os tipos 4 e 6	5	15
Predominantemente industrial, com poucas habitações	6	20
* Uma zona residencial urbana com uma indústria ligeira a trabalhar apenas durante o dia será do tipo 3.		

Quadro n.º 3 - Valores do termo de correção, K_u

Localização na quinta	Termo de correção, K_u [dBA].
Interior: instalações que confinam com a via pública	0
Instalações não confinantes com a via pública	-5
Ao ar livre: zonas descobertas que não confinam com a via pública. Por exemplo: jardins, terraços, pátios, etc.	5

Quadro n.º 4 - Valores do termo um de correção, K_h

Período	Termo de correção, K_h dBA]
Dias úteis: 08:00 a 20:00 hs Sábados: 08:00 às 14:00 hs	5
Dias úteis: 06:00 às 08:00 hs e 20:00 às 22:00 hs Sábados: 14:00 às 22:00 hs Domingos e feriados: das 06:00 às 22:00 hs.	0
Noite: das 22:00 às 06:00 hs	-5

Qualificação do ruído:

L_E - L_C < 8 dBA Ruído não incomodativo

L_E - L_C > 8 dBA + Ruído incomodativo

Tempos de referência:

A base da avaliação é a caraterização do ruído em três períodos de referência cujas horas de início e fim, para efeitos do presente regulamento, são as seguintes

Horário de expediente Dias úteis: 08:00 às 20:00 hs

Sábados: 08:00 às 14:00 hs

Horário de descanso Dias úteis: das 06:00 às 08:00 hs e das 06:00 às 08:00 hs.

20:00 às 22:00 hs

Sábados: 14:00 às 22:00 hs

Domingos e feriados: 06:00 às 22:00 hs

Horário noturno Noite: 22:00 às 06:00 hs

3. DESENVOLVIMENTO.

Aqrn cumpriu as especificações técnicas da norma IRAM n.º.

4062/2016 para a avaliação dos incómodos sonoros para a vizinhança e dos procedimentos de medição sonora. O sensor sonoro (decibelímetro) utilizado é colocado num tnpode a uma altura entre 1,2 e 1,5 m acima do nível do solo para efetuar estas medições. Os alunos desta disciplina concentraram-se no tratamento das informações recolhidas no terreno e na determinação do grau de adequação dos níveis sonoros gerados em relação às exigências regulamentares aplicáveis (ver página 17).

MEDIÇÃO DO RUÍDO AMBIENTE AUDÍVEL

Dados do estabelecimento	
Razão Social: Faculdade de Ciências Agrárias da Universidade Nacional do Nordeste (UNNE).	
Endereço: Juan Bautista Cabral N° 2131	
Localização: Corrientes	
Província: Corrientes	
CP 3400	N.º DE IDENTIFICAÇÃO FISCAL: 30 - 99900421 - 7

Dados de medição

Marca, modelo e número de série do instrumento utilizado:

Analisador de som (decibelímetro), Sper Scientific, modelo n.º 850069 e n.º de série AI13028. Está em conformidade com as seguintes normas: IEC 61872 - 1:2002 Classe 2, IEC 61260:1995 Classe 2, ANSI S1.11 - 2004 Classe 2, ANSI S1.4 - 1983 Tipo 2.

Data do certificado de calibração do instrumento utilizado na medição: 27/03/2023

Data da medição: 07/06/2023 Hora de início: 17: 00Hora de fim: 19:00

Condições atmosféricas:

Humidade relativa = 79,0 % Humidade relativa = 79,0 % Humidade relativa = 79,0

Temperatura = 24,0 °C

Pressão = 1007,6 hPa

Horário de trabalho/ turnos habituais:

Quartas-feiras das 16:00 às 20:00

Descrever as condições de trabalho normais e/ou habituais:

Disciplina Higiene e Segurança Industrial no Quinto Ano do Curso de Engenharia Industrial.

Descrever as condições de trabalho no momento da medição:

Foram efectuadas medições ambientais nos diferentes sectores deste campus: acesso ao campus e corredor de acesso à sala de aula A5 (ver página 17).

Documentação a anexar à Medida

Plano ou esboço: Anexo I (ver figura n.º 1, página n.º 26)

Figuras: Anexo II (ver figuras n.ºs 2, 3 e 4, página n.º 27)

3.1- Resultados.

- K_I = 0 se não existirem caraterísticas tonais e/ou impulsivas.
- K_z = 5 dBA (zona: residencial urbana, tipo 3; ver quadro n.º 2 p. 26)
- K_u = 5 dBA (áreas exteriores; ver Quadro n.º 3 p. 27)
- K_h = 5 dBA para as horas diurnas (dias úteis: 08:00 às 20:00 hs - sábados: 08:00 às 14:00 hs; ver quadro n.º 4, página 27).
- L_{Aeq1} = 61,8 dBA (acesso ao campus)
- L_{Aeq2} = 58,7 dBA (corredor de acesso à sala de aula A5)

Avaliação do ruído audível durante o dia:

$L_{E1} = L_{Aeq1} + KI = 61,8 + 0 = 61,8$ dBA

$L_{E2} = L_{Aeq2} + KI = 58,7 + 0 = 58,7$ dBA

$L_C = L_b + K_z + K_u + K_h = 40 + 5 + 5 + 5 + 5 = 55$ dBA

- $L_{E1} - L_C = 61,8 - 55 = 6,8$ dBA < 8 dBARUIDONOMOLESTE
- $L_{E2} - L_C = 58,7 - 55 = 3,7$ dBA < 8 dBARUIDONOMOLESTE

Anexo I:

Figura 1

Anexo II:

ý Figuras 2, 3 e 4.

Figura nº 2 Figura nº 3

Figura 4

4. CONCLUSÕES.

Foram realizadas medições ambientais dentro deste campus (acesso ao campus e corredor de acesso à sala de aula A5) para determinar as quantidades de nível sonoro contínuo equivalente (ruído audível durante o dia) medidas pelo decibelímetro e que podem ajudar a determinar se existe um problema ambiental (contaminação acústica) dentro da faculdade. De acordo com os resultados obtidos em ambos os pontos, os valores são inferiores a 8 dBA considerados como ruído não incómodo para a vizinhança; portanto, está em conformidade com a norma IRAM N° 4062/2016.

5. REFERÊNCIAS.

Instituto Argentino de Normalização e Certificação (IRAM) N° 4062/2016, Norma.

Segurança e Saúde no Trabalho (1972), Lei n.º 19587, Decreto Regulamentar (1979), n.º 351, Argentina.

SRT (Superintendencia de Riesgos del Trabajo), página Web, www.srt.gob.ar, Argentina.

Manual de instruções, medidor de qualidade ambiental com som, Sper Scientific, modelo n.º 850069, n.º de série AI13028, EUA.

Agradecimentos

- Ao meu pai Miguel e à minha mãe Lida que me deram a vida e me ensinaram a cultura do estudo e do trabalho.

CAPÍTULO III

C- AVALIAÇÃO FINAL DA CARGA TÉRMICA DE ACORDO COM A LEI DE HIGIENE E SEGURANÇA NO TRABALHO N° 19587/72 E O SEU DECRETO REGULAMENTAR N° 351/79.

Ing. Qco. José Martm Glavas

Campus Facultad de Ciencias Agrarias de la Universidad Nacional del Nordeste (UNNE) - Cidade de Corrientes - junho 2024

josemartinglavas18@gmail.com

RESUMO

Relatório técnico de avaliação da carga térmica no Campus da Faculdade de Ciências Agrárias da Universidade Nacional do Nordeste (UNNE) realizado pela disciplina Higiene e Segurança Industrial do Quinto Ano da Carreira de Engenharia Industrial. Nas medições, foram respeitadas as especificações técnicas do Anexo II, Artigo N° 60, Capítulo N° 8 Carga Térmica da Lei N° 19587/1972 de Higiene e Segurança no Trabalho e seu Decreto Regulamentar N° 351/1979 da República Argentina. Uma vez que a exposição ao calor é capaz de gerar reacções patológicas no corpo humano, deve ser efectuada uma avaliação da exposição à carga térmica; a avaliação do stress térmico e da tensão térmica pode ser utilizada para avaliar o risco para a saúde e a segurança das pessoas. Estas medições foram efectuadas no Gabinete do Reitor (ambiente fechado) e no Acesso à Sala de Projeção (ambiente aberto), utilizando um monitor de carga térmica, Tenmars, modelo nº TM - 1880.

Para determinar a localização (altura) do equipamento e o número de leituras, verificar a homogeneidade da temperatura nas imediações do local de trabalho a diferentes alturas (a partir do nível do chão), de preferência efectuando três leituras em simultâneo utilizando o irfpode e extensões:

a) Leitura 1: 1,7 metros (acesso à sala de projeção em pé).

b) Leitura 2: 1,1 metros (Decanato Sentado).

Os alunos desta disciplina centraram-se no tratamento da informação recolhida no terreno, em relação aos requisitos regulamentares aplicáveis em vigor.

Palavras-chave: Avaliação, Carga, Carga, Térmica, Saúde, Segurança, Proteção.

1- INTRODUÇÃO.

ANEXO II - Artigo n.º 60 - Capítulo n.º 8 Carga térmica - Decreto n.º 351/1979

1.1-Instrumentos a utilizar.

Os aparelhos a seguir indicados constituem um conjunto mínimo para a avaliação da carga térmica, sem exclusão de outros que possam cumprir eficazmente os mesmos objectivos, desde que os seus resultados sejam verificáveis com os obtidos com a metodologia estabelecida no presente Regulamento.

1.1.1- Globotermómetro.

É constituído por uma esfera oca de cobre, pintada de preto mate, com um termómetro ou termopar nela inserido, de modo a que o elemento sensível fique situado no centro da esfera, com uma espessura de parede de 0,6 mm e um diâmetro de cerca de 150 mm. A leitura do termómetro deve ser verificada de 5 em 5 minutos, lendo-se a sua graduação após os primeiros 20 minutos até se obter uma leitura constante.

1.1.2- Termómetro natural de bolbo húmido.

A temperatura natural de bolbo húmido é medida por meio de um termómetro com o bolbo coberto por um pano de algodão. O termómetro deve ser mergulhado em água destilada durante pelo menos meia hora antes de se efetuar a leitura, deve ter aproximadamente o comprimento do bolbo e deve ser imerso num recipiente que contenha água destilada.

1.2-Estimativa do calor metabólico.

Isto é feito através de tabelas de acordo com o posto de trabalho e o grau de atividade. O calor metabólico (M) será considerado como a soma do metabolismo basal (MB), e os acréscimos derivados da posição (MI) e do tipo de trabalho (MII), portanto:

$$M = MB + MI + MII$$

Onde:

1.2.1- Metabolismo basal (BM).

A considerar com MB = 70 W

1.2.2- Adição derivada da posição (MI).

Posição do corpo	MI (W)
Deitado ou sentado	21
De pé	42
Andar a pé	140
Subir a encosta	210

1.2.3- Acréscimo derivado do tipo de trabalho.

Tipo de trabalho	MII (W)
Trabalhos manuais ligeiros	28
Trabalho manual pesado	63
Trabalhar com um braço: Ligeiro	70
Trabalhar com um braço: Pesado	126
Trabalho com os dois braços: Ligeiro	105
Trabalho com os dois braços: Pesado	175
Trabalhar com o corpo: Luz	210
Trabalho com o corpo: Moderado	350
Trabalho com o corpo: Pesado	490
Trabalho com o corpo: Muito pesado	630

LIMITES ADMISSÍVEIS DE CARGA TÉRMICA

Valores indicados em °C - TGBH

Regime de trabalho e de repouso	Tipo de trabalho		
	Leve (menos de 230 W)	Moderado (230 - 400 W)	Pesado (mais de 400 W)
Trabalho contínuo	30,0	26,7	25,0
75 % de trabalho e 25 % de repouso, por hora	30,6	28,0	25,9
50 % de trabalho e 50 % de repouso, por hora	31,4	29,4	27,9
25 % de trabalho e 75 % de repouso, por hora	32,2	31,1	30,0

Trabalho contínuo: oito horas por dia (48 horas por semana).

Se o local de repouso determinar uma temperatura inferior a 24 °C (TGBH), o tempo de repouso pode ser reduzido em 25 %.

Conversão: Kcal/h = 1,163 Watt

1.3-Avaliação da carga térmica.

Para avaliar a exposição dos trabalhadores sujeitos a stress térmico, deve ser calculado o índice de temperatura do globo húmido (GBHT).

Este cálculo basear-se-á nas seguintes equações:

a- Para locais interiores ou exteriores sem carga solar TGBH = 0,7 TBH + 0,3 TG.

b- Para locais exteriores com carga solar TGBH = 0,7 TBH + 0,2 TG + 0,1 TBS.

Onde:

TGBH: Índice de temperatura húmida do bulbo do globo.

TBH: Temperatura de bolbo húmido natural.

TBS: Temperatura do bolbo seco.

TG: Temperatura do globo.

As situações não abrangidas pelo presente regulamento serão resolvidas pela autoridade competente de acordo com as melhores informações disponíveis.

2- DESENVOLVIMENTO.

RELATÓRIO TÉCNICO DE AVALIAÇÃO DA CARGA TÉRMICA

Dados do estabelecimento	
Razão Social: Faculdade de Ciências Agrárias da Universidade Nacional do Nordeste (UNNE).	
Endereço: Juan Bautista Cabral N° 2131	
Localização: Corrientes	
Província: Corrientes	
CP 3400	NÚMERO DE IDENTIFICAÇÃO FISCAL: 30 - 99900421 - 7

Dados de medição		
Marca, modelo e número de série do instrumento utilizado:		
Monitor de Carga Térmica, Marca Tenmars, Modelo TM - 1880 e Nº Serif. e180700515		
Data do certificado de calibração do instrumento utilizado na medição: 19/01/2024		
Data de medição: 12/06/2023	Hora de início: 16:00	Hora de finalização: 18:00

Condições atmosféricas: Humidade relativa = 62,2 % Temperatura = 26,4 °C Pressão = 1004,1 hPa

Horário de trabalho/ turnos habituais:

Quartas-feiras das 16:00 às 20:00

Descrever as condições de trabalho normais e/ou habituais:

Disciplina Higiene e Segurança Industrial no Quinto Ano do Curso de Engenharia Industrial.

Descrever as condições de trabalho no momento da medição:

As medições foram efectuadas nos diferentes sectores deste campus: Acesso à Sala de Projeção e Posição Sentada do Gabinete do Reitor (ver página 43).

Documentação a anexar à Medida
Desenho ou esboço: Anexo I (ver figura n.º 1, p. 44)
Figuras: Anexo II (ver figuras n.ºs 2, 3 e 4, página n.º 45)

2.1-Estratégias de amostragem.

Os postos de trabalho amostrados, o número e a duração das medições e o equipamento utilizado foram selecionados em conformidade:

- Informações fornecidas pelos empregados (pessoal docente e não docente da faculdade).
- A descrição das tarefas e dos tempos de exposição fornecidos pela instituição.
- Os critérios técnicos em conformidade com a regulamentação em vigor.

2.2-Especificações de medição:

a) Leitura 1: 1,7 metros ((Acesso à sala de projeção em pé).

b) Leitura 2: 1,1 metros (Decanato Sentado).

2.3-Estimativa do calor metabólico por posto de trabalho.

2.3.1- Acesso à sala de projeção Posição Parado.

Condições ambientais:

❖ Humidade relativa = 60,5 % Humidade relativa = 60,5 % Humidade relativa = 60,5

❖ Temperatura do ar = 26,5 °C

M = MB + MI + MII

Onde:

MB = 70 W, MI = 42 W e MII = 105 W

$M = (70 + 42 + 105)\ W = 217\ W$

2.3.2- Deanery Posição sentada.

Condições ambientais:

❖ Humidade relativa = 63,8 % Humidade relativa = 63,8 % Humidade relativa = 63,8

❖ Temperatura do ar = 26,3 °C

M = MB + MI + MII

Onde:

MB = 70 W, MI = 21 W e MII = 105 W

$M = (70 + 21 + 105)\ W = 196\ W$

Decreto № 351/79 - ANEXO III - QUADRO 2 - Critérios de seleção para a exposição ao stress térmico (valores TGBH em °C)

Requisitos de trabalho	Aclimatados			Não aclimatado			
	Ligeiro	Moderado	Muito pesado	Ligeiro	Moderado	Pesado	Muito pesado
100 % de trabalho	29,5	27,5	-	27,5	25	22,5	-
75 % de trabalho 25 % de repouso	30,5	28,5		29	26,5	24,5	
50 % de trabalho 50 % de repouso	31,5	29,5	27,5	30	28	26,5	25
25 % de trabalho 75 % de repouso	32,5	31	29,5	31	29	28	26,5

QUADRO 3: EXEMPLOS DE ACTIVIDADES NAS CATEGORIAS DE DESPESAS ENERGÉTICAS

Categorias	Exemplos de actividades
Reposada	- Sentado em silêncio. - Sentar-se com movimentos moderados dos braços.
Ligeiro	- Sentar-se com movimentos moderados dos braços e das pernas. - De pé, com trabalho ligeiro a moderado numa máquina ou mesa, utilizando principalmente os braços. - Utilizar uma serra de mesa. - De pé, com trabalho ligeiro a moderado numa máquina ou bancada e alguns movimentos em torno da mesma.

RELATÓRIO TÉCNICO DE AVALIAÇÃO DA CARGA TÉRMICA			
Razão Social: Faculdade de Ciências Agrárias da Universidade Nacional do Nordeste (UNNE).			NÚMERO DE IDENTIFICAÇÃO FISCAL №: 30 - 99900421 - 7
Endereço: Juan Bautista Cabral № 2131	Localização: Corrientes	CÓDIGO POSTAL: 3400	Província: Corrientes

Ponto de medição	Setor	Temperatura do bolbo seco (TBS) [°C].	Temperatura do globo (TG) [°C] [°C	Temperatura de bolbo húmido (TBH) [°C].	Globo Temperatura de bolbo húmido (TGBH) [°C] Interior/Exterior	Valor do referendo TGBH segtin Quadro 2	Categoria y Segmento de atividade Quadro 3	Cumpre (SIM/NÃO)
Acesso à Sala de Projeção Posição Parado	A 1,7 metros	26,5	26,4	21,0	22,7 (Exterior)	30,5	Ligeiro	SIM
Decanato sentado de Posidon	A 1,1 metros	26,3	26,2	21,4	22,9 (Interior)	30,5	Ligeiro	SIM

Plano ou esboço: Anexo I:

Figura n.º 1

Números: Anexo II:

> Figuras 2 e 3.

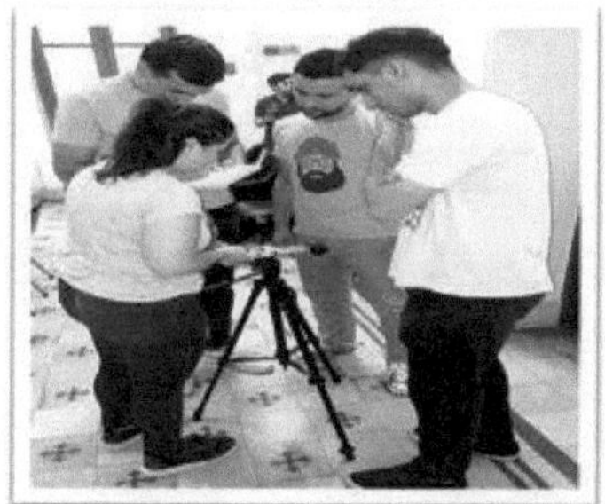

Figura n.º 2 Figura n.º 3

3- CONCLUSÕES.

3.1-A 1,7 metros (Acesso à sala de projeção Posição Parado).

M = 217 W (calor metabólico)

Regime de trabalho e de repouso	Tipo de trabalho
	Leve (menos de 230 W)
Trabalho contínuo	30,0
75 % de trabalho e 25 % de repouso, por hora	30,6
50 % de trabalho e 50 % de descanso, por	31,4
25 % de trabalho e 75 % de repouso, por hora	32,2

TBGH (°C) inferior ao valor de referência da TBGH (aclimatada e ligeira) de acordo com o quadro 2 e com categorias (ligeiras) e actividades (estar de pé, trabalho ligeiro ou moderado numa máquina ou bancada e alguns movimentos em torno da mesma) de acordo com o quadro 3.

3.2-A 1,1 metros (Decanato Sentado).

M = 196 W (calor metabólico)

Regime de trabalho e de repouso	Tipo de trabalho
	Leve (menos de 230 W)
Trabalho contínuo	30,0
75 % de trabalho e 25 % de repouso, por hora	30,6
50 % de trabalho e 50 % de descanso, por	31,4
25 % de trabalho e 75 % de repouso, por hora	32,2

TBGH (°C) inferior ao valor de referência TBGH (aclimatado e ligeiro) de acordo com o quadro 2 e com categorias (ligeiro) e actividades (sentado com movimentos moderados dos braços e das pernas) de acordo com o quadro 3.

4- REFERÊNCIAS.

Segurança e Saúde no Trabalho (1972), Lei n.º 19587, Decreto Regulamentar (1979), n.º 351, Argentina.

SRT (Superintendencia de Riesgos del Trabajo), página Web, www.srt.gob.ar, Argentina.

Manual de operação, Monitor de carga térmica, Tenmars, modelo TM - 1880 e número de série 180700515, Taiwan.

Agradecimentos

- Ao meu pai Miguel e à minha mãe Lida que me deram a vida e me ensinaram a cultura do estudo e do trabalho.

Printed by Books on Demand GmbH, Norderstedt / Germany